V

(C.)

15797

MÉMOIRES

SUR LA MÉTHODE DES MOINDRES QUARRÉS,

ET SUR L'ATTRACTION

DES ELLIPSOÏDES HOMOGÈNES.

MÉTHODE

DES MOINDRES QUARRÉS,

Pour trouver le milieu le plus probable entre les résultats de différentes observations,

Par M. LEGENDRE.

Lu le 24 septembre 1811.

M. le comte Laplace ayant trouvé par des considérations fondées sur le calcul des probabilités, que la méthode des moindres quarrés doit être employée préférablement à toute autre, pour trouver la valeur moyenne la plus exacte d'un ou de plusieurs élémens inconnus, entre toutes celles qui sont données par différentes observations ; j'ai cru que ceux qui voudraient faire des applications de cette méthode, seraient bien aises de là trouver ici telle que je l'ai publiée en 1805 dans mes *Nouvelles Méthodes pour la détermination des orbites des comètes.*

Dans la plupart des questions où il s'agit de tirer des mesures données par l'observation les résultats les plus exacts qu'elles peuvent offrir, on est presque toujours conduit à un système d'équations de la forme :

$$E = a + bx + cy + fz + \text{ etc.}$$

dans lesquelles a, b, c, f, etc. sont des coëfficiens inconnus qui varient d'une équation à l'autre, et x, y, z, etc. sont des inconnues qu'il faut déterminer par la condition que la valeur de E se réduise, pour chaque équation, à une quantité nulle ou très-petite.

Si l'on a autant d'équations que d'inconnues x, y, z, etc., il n'y a aucune difficulté pour la détermination de ces inconnues, et on peut rendre les erreurs E absolument nulles. Mais le plus souvent le nombre des équations est supérieur à celui des inconnues, et il est impossible d'anéantir toutes les erreurs.

Dans cette circonstance, qui est celle de la plupart des problêmes physiques et astronomiques, où l'on cherche à déterminer quelques élémens importans, il entre nécessairement de l'arbitraire dans la distribution des erreurs, et on ne doit pas s'attendre que toutes les hypothèses conduiront exactement aux mêmes résultats; mais il faut sur-tout faire en sorte que les erreurs extrêmes, sans avoir égard à leurs signes, soient renfermées dans les limites les plus étroites qu'il est possible.

De tous les principes qu'on peut proposer pour cet objet, je pense qu'il n'en est pas de plus général, de plus exact, ni d'une application plus facile, que celui dont nous avons fait usage dans les recherches précédentes, et qui consiste à rendre *minimum* la somme des quarrés des erreurs. Par ce moyen il s'établit entre les erreurs une sorte d'équilibre qui, empêchant les extrêmes de prévaloir, est très-propre à faire connaître l'état du système le plus proche de la vérité.

La somme des quarrés des erreurs $E^2 + E'^2 + E''^2 +$ etc. étant

$$(a + bx + cy + fz + \text{etc.})^2$$
$$+ (a' + b'x + c'y + f'z + \text{etc.})^2$$
$$+ (a'' + b''x + c''y + f''z + \text{etc.})^2$$
$$+ \text{etc.} ;$$

si l'on cherche son *minimum* en faisant varier x seule, on aura l'équation

$$0 = \int ab + x\int b^2 + y\int bc + z\int bf + \text{ etc.}$$

dans laquelle par $\int a\,b$ on entend la somme des produits semblables $a\,b + a'\,b' + a''\,b'' +$ etc. par $\int b^2$ la somme des quarrés des coëfficiens de x, savoir, $b^2 + b'^2 + b''^2 +$ etc., ainsi de suite.

Le *minimum* par rapport à y donnera semblablement

$$0 = \int ac + x\int bc + y\int c^2 + z\int fc + \text{ etc.};$$

et le *minimum*, par rapport à z,

$$0 = \int af + x\int bf + y\int cf + z\int f^2 + \text{ etc.}$$

où l'on voit que les mêmes coëfficiens $\int bc$, $\int bf$, etc., sont communs à deux équations, ce qui contribue à faciliter le calcul.

En général, *pour former l'équation du* minimum *par rapport à l'une des inconnues, il faut multiplier tous les termes de chaque équation proposée par le coëfficient de l'inconnue dans cette équation, pris avec son signe, et faire une somme de tous ces produits.*

On obtiendra de cette manière autant d'équations du *minimum* qu'il y a d'inconnues, et il faudra résoudre ces équations par les méthodes ordinaires. Mais on aura soin d'abréger tous les calculs, tant des multiplications que de la résolution, en n'admettant dans chaque opération que le nombre de chiffres entiers ou décimaux que peut exiger le degré d'approximation dont la question est susceptible.

Si, par un hasard singulier, il était possible de satisfaire
à toutes les équations en rendant toutes les erreurs nulles,
on obtiendrait également ce résultat par la méthode du
minimum : car, si après avoir trouvé les valeurs de x, y, z,
etc. qui rendent nulles E, E′, etc., on fait varier x, y, z, etc.
de δx, δy, δz, etc. il est évident que E² qui était zéro, deviendra
par cette variation $(a\,\delta x + b\,\delta y + c\,\delta z + \text{etc.})^2$. Il en sera
de même de E′², E″², etc.; d'où l'on voit que la somme des
quarrés des erreurs aura pour variation une quantité du second ordre par rapport à δx, δy, etc., ce qui s'accorde avec
la nature du *minimum*.

Si, après avoir déterminé toutes les inconnues x, y, z, etc.,
on substitue leurs valeurs dans les équations proposées, on
connaîtra les diverses erreurs E, E′, E″, etc. auxquelles ce sys-
tême donne lieu, et qui ne peuvent être réduites sans aug-
menter la somme de leurs quarrés. Si, parmi ces erreurs, il
s'en trouve que l'on juge trop grandes pour être admises, alors
on rejettera les équations qui ont produit ces erreurs, comme
venant d'expériences trop défectueuses, et on déterminera
les inconnues par le moyen des équations restantes, qui alors
donneront des erreurs beaucoup moindres. Et il est à obser-
ver qu'on ne sera pas obligé alors de recommencer tous les
calculs; car, comme les équations du *minimum* se forment
par l'addition de produits faits dans chacune des équations
proposées, il suffira d'écarter de l'addition les produits donnés par les équations qui auront conduit à des erreurs trop
considérables.

La règle par laquelle on prend le milieu entre les résultats de diverses observations (pour un seul élément), n'est
qu'une conséquence très-simple de notre méthode générale,

que nous appellerons *méthode des moindres quarrés*. En effet, si l'expérience a donné diverses valeurs a', a'', a''', etc. pour une certaine quantité x, la somme des quarrés des erreurs sera $(a'-x)^2 + (a''-x)^2 + (a'''-x)^2 +$ etc.; et en égalant cette somme à un *minimum*, on a

$$0 = (a'-x) + (a''-x) + (a'''-x) + \text{ etc.},$$

d'où résulte $x = \dfrac{a + a' + a'' + \text{ etc.}}{n}$, n étant le nombre des observations.

Pareillement, si pour déterminer la position d'un point dans l'espace, on a trouvé, par une première expérience, les coordonnées a', b', c'; par une seconde, les coordonnées a'', b'', c'', ainsi de suite; soient x, y, z, les véritables cordonnées de ce point : alors l'erreur de la première expérience sera la distance du point (a', b', c') au point (x, y, z). Le quarré de cette distance est $(a'-x)^2 + (b'-y)^2 + (z'-c)^2$, et la somme des quarrés semblables étant égalée à un *minimum*, on en tire trois équations qui donnent $x = \dfrac{\int a}{n}, y = \dfrac{\int b}{n}, z = \dfrac{\int c}{n}$; n étant le nombre des points donnés par l'expérience. Ces formules sont les mêmes par lesquelles on trouverait le centre de gravité commun de plusieurs masses égales, situées dans les points donnés; d'où l'on voit que le centre de gravité d'un corps quelconque jouit de cette propriété générale.

Si on divise la masse d'un corps en molécules égales et assez petites pour être considérées comme des points, la somme des quarrés des distances des molécules au centre de gravité sera un minimum.

On voit donc que la méthode des moindres quarrés fait

connaître en quelque sorte le centre autour duquel viennent se ranger tous les résultats fournis par l'expérience, de manière à s'en écarter le moins qu'il est possible. *Voyez dans l'ouvrage cité une application de cette méthode à la mesure des degrés du méridien, pour en déduire la longueur du 45ᵉ degré, et la quantité de l'aplatissement.*

MÉMOIRE

SUR

L'ATTRACTION DES ELLIPSOÏDES HOMOGÈNES,

Par M. LEGENDRE.

Lu le 5 octobre 1812.

Le problème qui consiste à déterminer l'attraction d'un éllipsoïde homogène sur un point donné, présente deux cas généraux très-distincts; l'un où le point attiré est situé au dedans de l'ellipsoïde ou à sa surface, l'autre où ce point est situé hors du solide.

Le premier cas a été résolu il y a long-temps, avec beaucoup d'élégance et d'une manière complète, par Maclaurin, dans sa pièce sur le flux et le reflux de la mer, qui a partagé le prix de l'Académie des Sciences en 1740.

Le même auteur est parvenu aussi à déterminer l'attraction d'un ellipsoïde sur un point extérieur situé sur le prolongement de l'un des trois axes. Il a donné pour ce cas particulier un théorême fort remarquable, d'où il résulte que si un même point est attiré par deux ellipsoïdes dont les trois sections principales soient décrites des mêmes foyers, les attractions seront entre elles comme les masses de ces ellipsoïdes; ainsi le problême peut se ramener immédiatement au cas où le point attiré est situé sur la surface de l'ellipsoïde, à l'extrémité d'un de ses axes.

2.

Maclaurin n'était pas allé plus loin ; ses résultats avaient été confirmés par une analyse élégante de M. Lagrange ; mais la question de déterminer l'attraction d'un ellipsoïde sur un point extérieur, autre que ceux qui sont placés dans le prolongement d'un des trois axes, restait non résolue, lorsque je présentai à l'Académie des Sciences le Mémoire qui fut imprimé dans le tome X des savans étrangers.

Dans ce mémoire j'ai considéré généralement l'attraction des sphéroïdes de révolution sur un point extérieur, et je suis parvenu à déduire d'une manière très-simple l'attraction sur un point quelconque, de l'attraction sur un point situé dans l'axe du solide, quelle que soit d'ailleurs la figure du méridien.

L'application de ce résultat aux ellipsoïdes de révolution m'a conduit à déterminer exactement l'attraction de ceux-ci sur un point extérieur quelconque.

Le théorême qui contient ce résultat rendait extrêmement probable qu'un théorême semblable avait lieu pour les ellipsoïdes qui ne sont pas de révolution ; c'est-à-dire, que le théorême trouvé par Maclaurin pour les points situés dans le prolongement des axes, avait également lieu pour des points quelconques situés hors de ces axes ; mais la démonstration présentait encore de grandes difficultés.

M. Laplace, le premier, réussit à démontrer ce théorême, par un moyen de vérification fort ingénieux, mais qui ne répandait aucune lumière sur l'intégration directe des formules de l'attraction.

Je suis revenu de nouveau sur cet objet dans les Mémoires de l'Académie, année 1788 ; j'ai d'abord fait voir par une analyse fort simple, que le théorême de Maclaurin pour les points situés dans le prolongement des trois axes, pouvait être étendu à tous les points situés dans le plan de l'une quelconque des trois sections principales du solide, ce qui comprend comme cas particulier celui des ellipsoïdes de révolution que j'avais traité d'une manière beaucoup plus laborieuse dans mon premier Mémoire.

J'ai ensuite considéré le problème dans toute sa généralité, et j'ai fait voir qu'on pouvait vaincre les difficultés de l'intégration, de manière à parvenir enfin au théorême desiré. J'avoue néanmoins que cette partie de mon Mémoire n'a que le mérite d'être directe, et de montrer, dès l'abord, la possibilité de la solution, mais que d'ailleurs l'analyse en est d'une extrême complication. Il était donc à desirer qu'on découvrît une route plus facile pour parvenir au même résultat.

On avait déja remarqué que les trois forces qui résultent de l'attraction d'un corps de figure quelconque sur un point donné, se déterminent aisément par la différentiation d'une même fonction qui doit satisfaire à une équation aux différences partielles du second ordre, semblable à celle qui sert de base à la théorie des fluides, et dont M. Lagrange a donné l'intégrale complète par une série infinie (*).

M. Biot a eu l'idée heureuse d'appliquer à l'équation de l'attraction, l'intégrale que M. Lagrange avait donnée pour un autre objet. Il en a conclu que si on connaît la fonction principale pour tous les cas, où l'une des coordonnées du point attiré est nulle, on peut en déduire l'expression générale de cette fonction pour toutes les valeurs des coor-

---

(*) Mécanique analytique, page 474.

données. Combinant ensuite cette expression avec le théorême donné dans les Mémoires de 1788, pour l'attraction d'un ellipsoïde sur un point situé dans le plan d'une des trois sections principales, M. Biot trouve que la forme de la fonction cherchée est telle, que le problême de l'attraction d'un ellipsoïde sur un point extérieur quelconque peut se ramener au cas où le point attiré est situé sur la surface de l'ellipsoïde attirant.

Le résultat de M. Biot, joint à la première partie de mon Mémoire de 1788, laquelle n'est sujette à aucune difficulté, complétait d'un manière très-satisfaisante la théorie de l'attraction des ellipsoïdes homogènes, et il y avait peu d'espoir que cette théorie pût acquérir quelque nouveau degré de perfection.

Cependant M. Yvory, dans les Transactions philosophiques de 1809, IIᵉ partie, a répandu sur cette matière une clarté toute nouvelle, en démontrant, par une transformation fort ingénieuse, que l'attraction d'un ellipsoïde homogène sur un point extérieur quelconque, peut se ramener immédiatement à celle d'un second ellipsoïde sur un point intérieur. Les difficultés d'analyse que présentait ce problême traité par tant de moyens différens, disparaissent ainsi tout d'un coup, par le procédé de M. Yvory, et une théorie qui appartenait à l'analyse la plus abstruse, peut maintenant être exposée dans toute sa généralité, d'une manière presque entièrement élémentaire.

Je me suis proposé, dans ce Mémoire, de profiter de la découverte de M. Yvory pour présenter la théorie entière de l'attraction des ellipsoïdes homogènes, avec toute la simplicité dont elle est susceptible. Il m'a suffi pour cet effet de réunir sous un même point de vue la démonstration de M. Yvory, avec la solution donnée par M. Lagrange, du cas où le point attiré est situé dans l'intérieur de l'ellipsoïde; solution qui est beaucoup plus simple que celle que M. Yvory a donnée pour le même cas, en l'établissant sur des développements en série.

Pour ne rien laisser à desirer sur ce sujet, j'ai donné les valeurs particulières des forces d'attraction dans le cas des sphéroïdes de révolution, et les valeurs générales développées en séries suivant les puissances des excentricités. J'ai cru devoir donner aussi les expressions des mêmes forces en fonctions elliptiques; ces expressions, dans lesquelles il n'y a que deux transcendantes différentes, conduisent à une relation algébrique entre les trois forces qui agissent sur un même point. Elles sont d'ailleurs nécessaires pour trouver avec facilité les valeurs des forces, dans le cas où les séries qui les représentent ne seraient pas suffisamment convergentes.

Formules pour la solution générale du problème.

1. Soient f, g, h, les trois coordonnées du point attiré S, soient x, y, z, celles d'une molécule quelconque dM du corps attirant, et r sa distance au point S, en sorte qu'on ait

$$r^2 = (f - x)^2 + (g - y)^2 + (h - z)^2.$$

L'attraction que la molécule dM exerce sur le point S est exprimée par $\frac{d\mathrm{M}}{r^2}$; elle se décompose en trois forces parallèles aux axes des coordonnées, lesquelles sont

$$\frac{(f - x)\, d\mathrm{M}}{r^3}, \quad \frac{(g - y)\, d\mathrm{M}}{r^3}, \quad \frac{(h - z)\, d\mathrm{M}}{r^3};$$

si donc on désigne par A, B, C, les attractions totales exercées dans le sens des coordonnées x, y, z, respectivement,
on aura

$$A = \int \frac{f - x}{r^3} \, dM$$

$$B = \int \frac{g - y}{r^3} \, dM$$

$$C = \int \frac{h - z}{r^3} \, dM,$$

ces intégrales étant étendues à toutes les molécules du corps
attirant.

2. Supposons le corps homogène, et soit sa densité $= 1$,
on pourra faire $dM = dx\,dy\,dz$, et alors on aura

$$A = \iiint \frac{f - x}{r^3} \, dx\,dy\,dz;$$

les deux autres forces seront semblablement exprimées; mais
il suffira de nous occuper de la force A.

Il est facile d'abord d'exécuter l'intégration par rapport
à x; car puisqu'en regardant x seule comme variable on a
$r\,dr = -(f - x)\,dx$, il s'ensuit qu'on a $\int \frac{f - x}{r^3} \, dx = $
$\int - \frac{dr}{r^2} = \frac{1}{r} + $ Const. Soient donc r_0 et r_1 les deux valeurs
de r qui répondent aux deux limites de l'intégrale, c'est-à-
dire, aux deux points de la surface du solide qui sont situés
sur une même parallèle à l'axe des x, on aura

$$A = \iint dy\,dz \left(\frac{1}{r_1} - \frac{1}{r_0} \right).$$

3. Supposons que le corps attirant soit un ellipsoïde dont
la surface ait pour équation

$$\frac{x^2}{a^2} + \frac{y^2}{b^2} + \frac{z^2}{c^2} = 1;$$

il faudra tirer la valeur de x de cette équation, puis la substituer dans les valeurs de r_o et r_i, lesquelles sont

$$r_o = \sqrt{[(f+x)^2 + (g-y)^2 + (h-z)^2]},$$
$$r_i = \sqrt{[(f-x)^2 + (g-y)^2 + (h-z)^2]};$$

alors il ne s'agira plus que d'exécuter les deux intégrations par rapport à y et à z, dans toute l'étendue de l'ellipsoïde. Mais ces intégrations ne peuvent être effectuées, ni l'une ni l'autre, par les méthodes connues, et il faut recourir à d'autres móyens pour achever la solution du problême, ou du moins pour la ramener aux simples quadratures.

Comparaison des forces exercées dans le même sens par deux ellipsoïdes, dont l'un agit sur un point extérieur, et l'autre sur un point intérieur correspondant.

4. Jusqu'ici nous n'avons fait aucune hypothèse sur la position du point S. Il convient maintenant de distinguer deux cas; celui où le point attiré S est situé dans l'intérieur ou sur la surface de l'ellipsoïde M, et celui où il est situé hors de cet ellipsoïde. Le premier cas suppose qu'on a $\frac{f^2}{a^2} + \frac{g^2}{b^2} + \frac{h^2}{c^2} <$ ou $= 1$; et le second qu'on a $\frac{f^2}{a^2} + \frac{g^2}{b^2} + \frac{h^2}{c^2} > 1$. Ce dernier cas étant le plus difficile, on aura fait un grand pas vers la solution du problême, si on parvient à le ramener au premier.

Pour cet effet considérons un second ellipsoïde M′, dans lequel les quantités analogues à a, b, c, x, y, z, soient désignées par les mêmes lettres accentuées; supposons que cet ellipsoïde, dont la densité est encore $= 1$, exerce son attraction sur un nouveau point S′ déterminé par les trois coordonnées f', g', h'. Ces deux ellipsoïdes sont d'ailleurs concentriques, et les axes désignés semblablement ont la même direction.

Si l'on désigne par $\rho_{,}$ et ρ_{0} les quantités analogues à $r_{,}$ et r_{0}, on aura semblablement

$$A' = \iint dy'\, dz' \left(\frac{1}{\rho_{,}} - \frac{1}{\rho_{0}} \right),$$

A' étant l'attraction exercée dans le sens des x, sur le point S', par l'ellipsoïde M'.

5. Faisons maintenant en sorte que les quantités $\rho_{,}$ et $r_{,}$ soient égales dans les deux solides, il s'ensuivra que ρ_{0} et r_{0} doivent être aussi égales entre elles, et cette circonstance permettra de trouver d'une manière très-simple le rapport des quantités A et A'.

Puisque nous avons à-la-fois

$$r_{,} = V[(f-x)^2 + (g-y)^2 + (h-z)^2]$$
$$\rho_{,} = V[(f'-x')^2 + (g'-y')^2 + (h'-z')^2],$$

pour rendre ces expressions identiques, faisons d'abord

$$fx = f'x', \quad gy = g'y', \quad hz = h'z';$$

ou, ce qui revient au même, prenons trois indéterminées λ, μ, ν, au moyen desquelles on ait simultanément,

$$f = \lambda f', \quad g = \mu g', \quad h = \nu h'$$
$$x' = \lambda x, \quad y' = \mu y, \quad z' = \nu z,$$

les trois conditions dont il s'agit seront satisfaites, et il restera à satisfaire à l'équation

$$f^2 + g^2 + h^2 + x^2 + y^2 + z^2 = f'^2 + g'^2 + h'^2 + x'^2 + y'^2 + z'^2.$$

Substituant dans celle-ci les valeurs de f', g', h', en f, g, h, et celles de x', y', z', en x, y, z, on aura l'équation

$$(\lambda^2-1)x^2+(\mu^2-1)y^2+(\nu^2-1)z^2=\frac{f^2}{\lambda^2}(\lambda^2-1)+\frac{g^2}{\mu^2}(\mu^2-1)+\frac{h^2}{\nu^2}(\nu^2-1);$$

laquelle doit s'accorder avec l'équation de l'ellipsoïde donné $\frac{x^2}{a^2}+\frac{y^2}{b^2}+\frac{z^2}{c^2}=1$. Pour cela soit $\lambda^2-1=\frac{\xi}{a^2}$, il faudra qu'on ait $\mu^2-1=\frac{\xi}{b^2}$, $\nu^2-1=\frac{\xi}{c^2}$, et on aura pour déterminer ξ, l'équation

$$\frac{f^2}{a^2+\xi}+\frac{g^2}{b^2+\xi}+\frac{h^2}{c^2+\xi}=1. \qquad (a)$$

Nous avons supposé que le point attiré S était situé hors de l'ellipsoïde M, et qu'ainsi on a $\frac{f^2}{a^2}+\frac{g^2}{b^2}+\frac{h^2}{c^2}>1$; de-là on voit qu'en faisant successivement $\xi=0$ et $\xi=\infty$, dans la fonction qui forme le premier membre de l'équation (a), cette fonction devient >1 dans le premier cas et $=0$ dans le second cas. Donc il y a une valeur réelle et positive de ξ qui satisfait à l'équation (a); et comme d'ailleurs le premier membre décroît continuellement à mesure que ξ augmente, depuis $\xi=0$ jusqu'à $\xi=\infty$, il s'ensuit que cette équation n'a qu'une racine réelle.

6. Connaissant la valeur de ξ, on aura celles de λ, μ, ν, par les équations $\lambda^2=1+\frac{\xi}{a^2}$, $\mu^2=1+\frac{\xi}{b^2}$, $\nu^2=1+\frac{\xi}{c^2}$; ensuite le point S$'$ sera déterminé par les coordonnées

$$f'=\frac{f}{\lambda}, \ g'=\frac{g}{\mu}, \ h'=\frac{h}{\nu}.$$

De plus, puisqu'on a $x=\frac{x'}{\lambda}$, $y=\frac{y'}{\mu}$, $z=\frac{z'}{\nu}$; si on substi-

3.

tue ces valeurs dans l'équation de l'ellipsoïde donné M, on aura

$$\frac{x'^2}{\lambda^2 a^2} + \frac{y'^2}{\mu^2 b^2} + \frac{z'^2}{\nu^2 c^2} = 1;$$

c'est l'équation du second ellipsoïde M', dont les demi-axes sont a', b', c'; on aura donc

$$a' = a\lambda, \quad b' = b\mu, \quad c' = c\nu.$$

De ces équations on tire

$$a'^2 - a^2 = \xi, \quad b'^2 - b^2 = \xi, \quad c'^2 - c^2 = \xi;$$

donc on a aussi

$$a'^2 - b'^2 = a^2 - b^2, \quad b'^2 - c'^2 = b^2 - c^2, \quad c'^2 - a'^2 = c^2 - a^2;$$

d'où l'on voit que les deux ellipsoïdes dont il s'agit se correspondent de telle sorte, que les sections principales situées dans le même plan sont décrites des mêmes foyers.

Remarquons maintenant que puisqu'on a $a'^2 = a^2 + \xi$, $b'^2 = b + \xi$, $c'^2 = c^2 + \xi$, l'équation (a) donne

$$\frac{f^2}{a'^2} + \frac{g^2}{b'^2} + \frac{h^2}{c'^2} = 1;$$

et qu'ainsi le point S dont les coordonnées sont f, g, h, est situé sur la surface de l'ellipsoïde M'.

Réciproquement, puisqu'on a aussi l'équation

$$\frac{f'^2}{a^2} + \frac{g'^2}{b^2} + \frac{h'^2}{c^2} = 1,$$

il s'ensuit que le point S', dont les coordonnées sont f', g', h', est situé sur la surface de l'ellipsoïde M.

Ces deux points S et S' se correspondent mutuellement de telle sorte, qu'on a

$$f : f' :: a' : a, \quad g : g' :: b' : b, \quad h : h' :: a' : a,$$

c'est-à-dire que les coordonnées homologues, ou parallèles à un même axe, divisent proportionnellement les axes sur lesquelles elles sont situées.

7. Ayant fait voir qu'on a généralement $\rho_{,} = r_{,}$, et par une suite nécessaire $\rho_{\circ} = r_{\circ}$; si on observe d'ailleurs que les équations $y' = \mu y$, $z' = \nu z$, donnent $dy' = \mu\,dy$, $dz' = \nu\,dz$, et par conséquent $dy'\,dz' = \mu\nu\,dy\,dz = \dfrac{b'c'}{bc}\,dy\,dz$; on en conclura que les forces A et A' sont ainsi exprimées :

$$A = \iint dy\,dz \left(\frac{1}{r_{,}} - \frac{1}{r_{\circ}}\right)$$

$$A' = \frac{b'c'}{bc} \iint dy\,dz \left(\frac{1}{r_{,}} - \frac{1}{r_{\circ}}\right);$$

et comme ces intégrales sont prises de part et d'autre entre les mêmes limites, il s'ensuit qu'on a

$$A : A' : : bc : b'c',$$

c'est-à-dire que les attractions A et A', dans le sens des demi-axes a, a', sont entre elles comme les produits bc, $b'c'$, des deux autres demi-axes.

On aurait donc semblablement

$$B : B' : : ac : a'c'$$
$$C : C' : : ab : a'b'.$$

Ainsi étant proposé de déterminer l'attraction d'un ellipsoïde M sur un point S situé hors de ce solide, on imaginera un second ellipsoïde M', dont la surface passe par le point donné S, et dont les sections principales soient situées dans les mêmes plans et décrites des mêmes foyers que les sections correspondantes de l'ellipsoïde donné, conditions

qui suffisent pour déterminer entièrement la grandeur et la
position des axes a', b', c', du second ellipsoïde; on prendra
ensuite sur la surface de l'ellipsoïde donné M un point S′,
de manière que chaque coordonnée du point S′ soit à la
coordonnée correspondante du point S dans le même rapport que les demi-axes des ellipsoïdes M et M′, situés dans
la direction de ces coordonnées. Cela posé, si on désigne
par A′, B′, C′, les trois forces parallèles aux axes des coordonnées qui résultent de l'attraction de l'ellipsoïde M′ sur le
point intérieur S′, et par A, B, C, les forces exercées semblablement par l'ellipsoïde M sur le point extérieur S, on
aura, d'après ce que nous avons démontré,

$$A = \frac{bc}{b'c'} A', \quad B = \frac{ac}{a'c'} B', \quad C = \frac{ab}{a'b'} C'.$$

On voit donc que le second cas du problême général, re-
gardé jusqu'à présent comme sujet à de grandes difficultés,
se ramène immédiatement au premier cas, où il s'agit de
déterminer l'attraction d'un ellipsoïde donné sur un point
intérieur quelconque : or, on sait que ce premier cas a été
résolu il y a long-temps avec beaucoup de simplicité et d'élégance; et il ne nous reste qu'à exposer cette solution pour
compléter entièrement la théorie de l'attraction des ellipsoïdes homogènes.

*Solution du cas où le point attiré est situé dans l'intérieur
de l'ellipsoïde ou à sa surface.*

8. Soit toujours M l'ellipsoïde donné dont la surface a
pour équation

$$\frac{x^2}{a^2} + \frac{y^2}{b^2} + \frac{z^2}{c^2} = 1,$$

et soit S le point attiré dont les coordonnées sont f, g, h; ce point est maintenant situé dans l'intérieur de l'ellipsoïde, de sorte qu'on a

$$\frac{f^2}{a^2} + \frac{g^2}{b^2} + \frac{h^2}{c^2} < 1.$$

Soit dM une molécule quelconque du corps attirant, le lieu de cette molécule sera déterminé en général par les trois coordonnées rectangles x, y, z, prises dans le sens des demi-axes a, b, c; mais il convient d'exprimer ces coordonnées par d'autres variables.

Soit R la distance de la molécule au point S; soit p l'angle que fait la droite R avec la parallèle à l'axe des x menée par le point S; soit enfin q l'angle que fait le plan de ces deux droites avec le plan des x, y. Si l'origine des coordonnées était au point S, le lieu de la molécule dM serait déterminé par les valeurs $x = $ R $cos.\ p$, $y = $ R $sin.\ p\ cos.\ q$, $z = $ R $sin.\ p\ sin.\ q$; mais comme on doit supposer que l'origine des coordonnées est placée au centre de l'ellipsoïde, on aura

$$x = f + \text{R } cos.\ p$$
$$y = g + \text{R } sin.\ p\ cos.\ q$$
$$z = h + \text{R } sin.\ p\ sin.\ q.$$

Concevons maintenant que la molécule dM prenne la forme d'un parallélepipède rectangle dont les côtés relatifs aux variations des quantités R, p, q, sont dR, Rdp, Rdq $sin.\ p$; puisqu'on suppose la densité $= 1$, on pourra faire dM $=$ R$^2\,d$R$dp\,dq$ $sin.\ p$. Donc, l'attraction de la molécule dM sur le point S sera exprimée par dR$dp\,dq$ $sin.\ p$; et les trois forces qui en résultent suivant les axes des x, des y et des z, seront respectivement $d\mathrm{R}\,dp\,dq\;sin.\,p\;cos.\,p$, $d\mathrm{R}\,dp\,dq\;sin^{\scriptscriptstyle 2}p\;cos.\,q$, $d\mathrm{R}\,dp\,dq\;sin^{\scriptscriptstyle 2}p\;sin.\,q$; si donc on désigne, comme ci-dessus, par A, B, C, les attractions totales parallèlement à ces axes, on aura

$$A = \iiint d\mathrm{R}\,dp\,dq\;sin.\,p\;cos.\,p$$

$$B = \iiint d\mathrm{R}\,dp\,dq\;sin^{\scriptscriptstyle 2}p\;cos.\,q$$

$$C = \iiint d\mathrm{R}\,dp\,dq\;sin^{\scriptscriptstyle 2}p\;sin.\,q,$$

ces intégrales étant étendues à toutes les molécules du corps attirant.

9. Considérons d'abord la valeur de A : si on effectue l'intégration par rapport à R, et qu'on appelle R' et R'' les deux valeurs de R qui répondent aux deux points de la surface du solide, situés sur la droite déterminée par les deux angles p et q, on aura

$$A = \iint (\mathrm{R}' - \mathrm{R}'')\,dp\,dq\;sin.\,p\;cos.\,p.$$

Dans cette formule, $\mathrm{R}'dp\,dq\;sin.\,p\;cos.\,p$ représente l'attraction dans le sens des x, de la pyramide infiniment aiguë qui a pour longueur R', et pour base, perpendiculaire à R', l'élément $\mathrm{R}'^{\scriptscriptstyle 2}dp\,dq\;sin.\,p$; de même $\mathrm{R}''dp\,dq\;sin.\,p\;cos.\,p$ représente l'attraction dans le sens des x, de la pyramide opposée à la précédente. Ces deux pyramides, terminées l'une et l'autre à la surface du solide, attirent évidemment le point S en sens contraires ; ainsi nous avons dû prendre la différence des deux forces qu'elles exercent sur ce point.

Maintenant, si dans l'équation de la surface $\frac{x^2}{a^2}+\frac{y^2}{b^2}+\frac{z^2}{c^2}=1$, on substitue pour x, y, z, leurs valeurs en fonctions de R, p, q, on aura l'équation

$$\delta R^2 + 2\varepsilon R - \zeta = 0,$$

dans laquelle on a fait pour abréger,

$$\delta = \cos^2 p + \frac{a^2}{b^2} \sin^2 p \cos^2 q + \frac{a^2}{c^2} \sin^2 p \sin^2 q$$

$$\varepsilon = f \cos. p + \frac{a^2}{b^2} g \sin. p \cos. q + \frac{a^2}{c^2} h \sin. p \sin. q$$

$$\zeta = a^2 - f^2 - \frac{a^2}{b^2} g^2 - \frac{a^2}{c^2} h^2.$$

Les deux valeurs de R que donne cette équation ont été désignées par R' et $- R''$; on aura donc

$$R' = \frac{-\varepsilon + \sqrt{(\varepsilon^2 + \delta \zeta)}}{\delta},$$

$$R'' = \frac{\varepsilon + \sqrt{(\varepsilon^2 + \delta \zeta)}}{\delta},$$

d'où résulte $R' - R'' = - \frac{2\varepsilon}{\delta}$. Substituant cette valeur dans l'expression de A, et faisant abstraction du signe dont toute l'expression est affectée, on aura

$$A = \iint \frac{2\varepsilon}{\delta} \, dp \, dq \, \sin. p \cos. p;$$

intégrale qui doit être prise depuis $p = 0$ jusqu'à $p = \pi$, et depuis $q = 0$ jusqu'à $q = \pi$.

10. Substituant d'abord la valeur de ε, on aura

$$A = 2f \iint \frac{dp \, dq \, \sin. p \cos^2 p}{\delta} + \frac{2a^2 g}{b^2} \iint \frac{dp \, dq \, \sin^2 p \cos. p \cos. q}{\delta},$$

$$+ \frac{2a^2 h}{c^2} \iint \frac{dp \, dq \, \sin^2 p \cos. p \sin. q}{\delta}:$$

or, j'observe que lorsque p devient $\pi - p$, δ reste le même, mais qu'alors $sin^3\, p\ cos.\, p$ change de signe. Donc, puisque les intégrales doivent être prises depuis $p = 0$ jusqu'à $p = \pi$, les deux dernières parties de la valeur de A se réduisent à zéro, et on a simplement

$$A = 2f \iint \frac{dp\, dq\ sin.\, p\ cos^3\, p}{cos^3\, p + \dfrac{a^2}{b^2} sin^2\, p\ cos^2\, q + \dfrac{a^2}{c^2} sin^2\, p\ sin^2\, q}.$$

Par des considérations semblables on trouverait que les valeurs des forces B et C s'expriment ainsi :

$$B = \frac{2\,a^2 g}{b^2} \iint \frac{dp\, dq\ sin^3\, p\ cos^2\, q}{cos^3\, p + \dfrac{a^2}{b^2} sin^2\, p\ cos^2\, q + \dfrac{a^2}{c^2} sin^2\, p\ sin^2\, q},$$

$$C = \frac{2\,a^2 h}{c^2} \iint \frac{dp\, dq\ sin^3\, p\ sin^2\, q}{cos^3\, p + \dfrac{a^2}{b^2} sin^2\, p\ cos^2\, q + \dfrac{a^2}{c^2} sin^2\, p\ sin^2\, q}.$$

11. Maintenant, sans effectuer les deux intégrations par rapport à p et à q, on voit qu'en faisant $A = 2fX$, la quantité X ne dépendra que des rapports $\dfrac{a^2}{b^2}, \dfrac{a^2}{c^2}$. Donc le point S sera attiré également dans le sens des x, par tous les ellipsoïdes semblables et situés semblablement, qui enveloppent le point S. Il en sera de même de l'attraction dans le sens des y et de l'attraction dans le sens des z; d'où il suit que tous ces ellipsoïdes exerceront la même attraction absolue sur le point S situé dans leur intérieur.

Ce résultat ne peut avoir lieu, à moins que la couche solide comprise entre deux quelconques des ellipsoïdes qui environnent le point S, n'exerce aucune attraction sur ce point. Et c'est ce qu'on démontre aisément par une construction fondée sur les propriétés des surfaces du second ordre.

12. La valeur $A = 2fX$, où X ne dépend que des deux quantités $\frac{a^2}{b^2}, \frac{a^2}{c^2}$, prouve encore que tous les points situés dans un même plan perpendiculaire à l'axe des x, sont également attirés par l'ellipsoïde dans le sens de cet axe, et qu'en général l'attraction parallèle à un axe, pour un point quelconque, est proportionnelle à la coordonnée de ce point parallèle au même axe.

Soient donc $A_{,}, B_{,}, C_{,}$, les attractions exercées par l'ellipsoïde M sur les points situés aux extrémités des demi-axes a, b, c; les attractions exercées dans le sens des mêmes axes sur le point S, auront pour valeurs

$$A = \frac{f}{a} A_{,}, \quad B = \frac{g}{b} B_{,}, \quad C = \frac{h}{c} C_{,}.$$

Toutes ces propriétés ont été démontrées il y a long-temps par Maclaurin, mais on voit qu'elles se déduisent très-simplement de nos formules, avant même d'avoir effectué les intégrations.

13. Revenons à l'expression de A trouvée dans l'article 10, et proposons-nous d'abord d'intégrer la différentielle

$$\frac{dq}{\cos^2 p + \frac{a^2}{b^2} \sin^2 p \cos^2 q + \frac{a^2}{c^2} \sin^2 p \sin^2 q},$$

depuis $q = 0$ jusqu'à $q = \pi$. On sait que dans ces limites on a la formule $\int \frac{dq}{m^2 \cos^2 q + n^2 \sin^2 q} = \frac{\pi}{mn}$; ainsi nous aurons pour l'intégrale dont il s'agit

$$\frac{\pi}{\sqrt{(\cos^2 p + \frac{a^2}{b^2} \sin^2 p)} \cdot \sqrt{(\cos^2 p + \frac{a^2}{c^2} \sin^2 p)}},$$

4.

et la valeur de A deviendra

$$A = 2 f \pi \int \frac{dp \; sin. \; p \; cos^2 p}{\sqrt{(cos^2 p + \frac{a^2}{b^2} sin^2 p) . \sqrt{(cos^2 p + \frac{a^2}{c^2} sin^2 p)}}}.$$

Cette dernière intégrale doit être prise depuis $p = 0$ jusqu'à $p = \pi$, ce qui revient à la prendre depuis $p = 0$ jusqu'à $p = \frac{1}{2} \pi$, et à doubler le résultat. Soit donc $cos. \; p = x$, et on aura

$$A = 4 \pi \, b \, c f \int \frac{x^2 \, dx}{\sqrt{[a^2 + (b^2 - a^2) x^2]} . \sqrt{[a^2 + (c^2 - a^2) x^2]}},$$

nouvelle intégrale qui doit être prise depuis $x = 0$ jusqu'à $x = 1$. Si dans cette expression on introduit la masse M de l'ellipsoïde à la place de son volume $\frac{4}{3} \pi \, a \, b \, c$, on aura

$$A = \frac{3 M f}{a} \int \frac{x^2 \, dx}{\sqrt{(a^2 + \overline{b^2 - a^2} . x^2)} . \sqrt{(a^2 + \overline{c^2 - a^2} . x^2)}}.$$

Il est clair qu'on déduira de cette expression les valeurs des forces B et C, par une simple permutation de lettres; on aura ainsi

$$B = \frac{3 M g}{b} \int \frac{x^2 \, dx}{\sqrt{(b^2 + \overline{c^2 - b^2} . x^2)} . \sqrt{(b^2 + \overline{a^2 - b^2} . x^2)}},$$

$$C = \frac{3 M h}{c} \int \frac{x^2 \, dx}{\sqrt{(c^2 + \overline{a^2 - c^2} . x^2)} . \sqrt{(c^2 + \overline{b^2 - c^2} . x^2)}}.$$

J'observerai cependant que si on eût calculé directement les valeurs de B et C par les formules de l'art. 10, en intégrant d'abord par rapport à q, on aurait trouvé ces valeurs sous la forme suivante

$$B = \frac{3 M g}{a (c^2 - b^2)} \left(\frac{c}{b} - \int \frac{dx \sqrt{(a^2 + \overline{c^2 - a^2} . x^2)}}{\sqrt{(a^2 + \overline{b^2 - a^2} . x^2)}} \right),$$

$$C = \frac{3 M h}{a (c^2 - b^2)} \left(-\frac{b}{c} + \int \frac{dx \sqrt{(a^2 + \overline{b^2 - a^2} . x^2)}}{\sqrt{(a^2 + \overline{c^2 - a^2} . x^2)}} \right);$$

mais d'ailleurs il est facile de s'assurer que ces diverses formules où les intégrales doivent toujours être prises depuis $x = 0$ jusqu'à $x = 1$, s'accordent parfaitement entre elles.

14. Le problème étant ainsi réduit aux quadratures, on achèvera la solution dans les différens cas par les méthodes d'approximation connues.

Si l'ellipsoïde est peu différent d'une sphère, en sorte que les quantités $a^2 - b^2$, $a^2 - c^2$, soient très-petites par rapport à a^2, on fera $\frac{a^2 - b^2}{a^2} = \mu$, $\frac{a^2 - c^2}{a^2} = \nu$, et on aura

$$A = \frac{3\,M\,f}{a^3} \int \frac{x^2\,dx}{\sqrt{(1 - \mu x^2)}.\sqrt{(1 - \nu x^2)}},$$

expression qu'il est facile de développer en suite convergente.

Pour cela soit

$$(1 - \mu x^2)^{-\frac{1}{2}}(1 - \nu x^2)^{-\frac{1}{2}} = 1 + P'x^2 + P''x^4 + P'''x^6 + \text{etc.}$$

on aura

$$A = \frac{3\,M\,f}{a^3} \int x^2\,dx\,(1 + P'x^2 + P''x^4 + \text{etc.})$$

Effectuant l'intégration entre les limites $x = 0$, $x = 1$, il viendra

$$A = \frac{M\,f}{a^3}\left(1 + \tfrac{3}{5}P' + \tfrac{3}{7}P'' + \tfrac{3}{9}P''' + \text{etc.}\right)$$

Quant aux valeurs des coëfficiens P', P'', etc., elles sont

$$P' = \tfrac{1}{2}(\mu + \nu),$$

$$P'' = \frac{1.3}{2.4}(\mu^2 + \nu^2) + \tfrac{1}{2}\cdot\tfrac{1}{2}\mu\nu,$$

$$P''' = \frac{1.3.5}{2.4.6}(\mu^3 + \nu^3) + \frac{1.3}{2.4}\cdot\tfrac{1}{2}\mu\nu(\mu + \nu),$$

$$P^{iv} = \frac{1.3.5.7}{2.4.6.8}(\mu^4 + \nu^4) + \frac{1.3.5}{2.4.6}\cdot\tfrac{1}{2}\mu\nu(\mu^2 + \nu^2) + \frac{1.3}{2.4}\cdot\frac{1.3}{2.4}\mu^2\nu^2,$$

etc.

La loi de ces expressions est facile à saisir, et on voit que si μ et ν sont, comme on le suppose, des quantités très-petites, la suite qui donne la valeur de A sera très-convergente. Des suites semblables exprimeront les attractions B et C dans le sens des deux autres axes.

15. Si on ne veut pas avoir recours aux séries, ou si les excentricités des sections principales de l'ellipsoïde sont trop grandes pour que les séries soient convergentes, alors il conviendra d'exprimer les attractions A, B, C, au moyen des fonctions elliptiques.

Pour cet effet il faut établir un ordre de grandeur entre les demi-axes a, b, c. Supposons que cet ordre est a, b, c, en sorte qu'on ait $a < b$ et $b < c$; soit en conséquence $b^2 - a^2 = m^2$ et $c^2 - a^2 = n^2$, on aura d'abord

$$A = \frac{3\,M f}{a} \int \frac{x^2 \, dx}{\sqrt{(a^2 + m^2 x^2)} \cdot \sqrt{(a^2 + n^2 x^2)}}.$$

Soit $x = \frac{a}{n} \, tang. \, \varphi$, et $k^2 = 1 - \frac{m^2}{n^2}$, on aura la transformée

$$A = \frac{3\,M f}{n^3} \int \frac{d\varphi \, tang^2 \, \varphi}{\sqrt{(1 - k^2 \, sin^2 \, \varphi)}},$$

intégrale qui devra être prise depuis $\varphi = 0$ jusqu'à la valeur de φ, qui donne $tang. \, \varphi = \frac{n}{a}$, $sin. \, \varphi = \frac{n}{c}$, $cos. \, \varphi = \frac{a}{c}$. Nous appellerons cette valeur α.

De même puisqu'on a

$$B = \frac{3\,M g}{b} \int \frac{x^2 \, dx}{\sqrt{(b^2 - m^2 x^2)} \cdot \sqrt{(b^2 + \overline{n^2 - m^2} . x^2)}},$$

si on fait $x = \frac{b \, sin. \, \varphi}{\sqrt{(1 - k^2 \, sin^2 \, \varphi)}}$, on aura la transformée

$$B = \frac{3\,M g}{n^3} \int \frac{d\varphi \, sin^2 \, \varphi}{(1 - k^2 \, sin^2 \, \varphi)^{\frac{3}{2}}},$$

où il faut encore prendre l'intégrale depuis $\varphi = 0$ jusqu'à $\varphi = \alpha$.

Enfin si dans la formule

$$C = \frac{3\,M\,h}{c} \int \frac{x^2\,dx}{V(c^2 - n^2 x^2)\,.\,V(c^2 - m^2 x^2)},$$

on fait $x = \frac{c\ sin.\ \varphi}{n}$, on aura

$$C = \frac{3\,M\,h}{n^3} \int \frac{d\varphi\ sin^2\,\varphi}{V(1 - k^2\ sin^2\,\varphi)},$$

l'intégrale étant toujours prise entre les mêmes limites.

16. De-là on voit que si on fait $\Delta = V(1 - k^2\ sin^2\,\varphi)$, et qu'on prenne les trois intégrales suivantes depuis $\varphi = 0$ jusqu'à $\varphi = \alpha$,

$$X = \int \frac{d\varphi\ tang^2\,\varphi}{\Delta}, \quad Y = \int \frac{d\varphi\ sin^2\,\varphi}{\Delta^3}, \quad Z = \int \frac{d\varphi\ sin^2\,\varphi}{\Delta},$$

les trois forces A, B, C, seront ainsi exprimées :

$$A = \frac{3\,M\,f}{n^3}\,X, \quad B = \frac{3\,M\,g}{n^3}\,Y, \quad C = \frac{3\,M\,h}{n^3}\,Z.$$

Les intégrales X, Y, Z, se rapportent immédiatement aux fonctions elliptiques, et d'après les formules que j'ai données ailleurs (*), on trouve

$$X = \frac{n^2}{m^2}\left[\Delta\ tang.\ \varphi - E(k, \varphi)\right],$$

$$Y = \frac{n^2}{m^2 k^2}\left[E(k, \varphi) - \frac{k^2\ sin.\ \varphi\ cos.\ \varphi}{\Delta}\right] - \frac{1}{k^2}F(k, \varphi),$$

$$Z = \frac{1}{k^2}\left[F(k, \varphi) - E(k, \varphi)\right],$$

(*) Exercices de calcul intégral, Ire partie, n° 138.

formules où il faudra substituer la valeur de φ qui donne

$$sin.\ \varphi = \frac{n}{c},\ cos.\ \varphi = \frac{a}{c},\ \Delta = \frac{b}{c}.$$

Nous avons donné des méthodes pour évaluer, avec toute la précision nécessaire, les fonctions E et F, quels que soient le module k et l'amplitude φ; ainsi nous n'avons rien à ajouter sur la détermination absolue des quantités A, B, C.

17. Mais comme les deux fonctions E et F suffisent pour exprimer les trois quantités X, Y, Z, on voit qu'il est possible d'éliminer ces deux transcendantes, et qu'on obtiendra par ce moyen une équation algébrique entre X, Y, Z; cette équation est

$$X + Y + Z = \frac{sin^3\ \varphi}{\Delta\ cos.\ \varphi} = \frac{n^3}{abc}.$$

On a donc aussi entre les forces A, B, C, cette équation algébrique :

$$\frac{A}{f} + \frac{B}{g} + \frac{C}{h} = \frac{3M}{abc} = 4\pi,$$

équation qui ne paraît pas avoir été remarquée jusqu'à présent, et qui doit être regardée comme un théorème nouveau.

18. Au surplus ce théorème est facile à déduire directement des formules du n° 13

$$A = \frac{3M f}{a} \int \frac{x^2\,dx}{\sqrt{(a^2 + m^2 x^2)}.\sqrt{(a^2 + n^2 x^2)}},$$

$$B = \frac{3M g}{a(c^2 - b^2)} \left[\frac{c}{b} - \int \frac{dx\sqrt{(a^2 + n^2 x^2)}}{\sqrt{(a^2 + m^2 x^2)}} \right],$$

$$C = \frac{3M h}{a(c^2 - b^2)} \left[-\frac{b}{c} + \int \frac{dx\sqrt{(a^2 + m^2 x^2)}}{\sqrt{(a^2 + n^2 x^2)}} \right];$$

car on a identiquement

$$\int \frac{dx\sqrt{(a^2 + n^2 x^2)}}{\sqrt{(a^2 + m^2 x^2)}} - \int \frac{dx\sqrt{(a^2 + m^2 x^2)}}{\sqrt{(a^2 + n^2 x^2)}} = \int \frac{(n^2 - m^2) x^2\,dx}{\sqrt{(a^2 + m^2 x^2)}.\sqrt{(a^2 + n^2 x^2)}}.$$

Mais il se déduit encore plus immédiatement des expressions en doubles intégrales de l'art. 10, lesquelles donnent

$$\frac{A}{f} + \frac{B}{g} + \frac{C}{h} = 2 \iint dp\, dq\; sin.\, p = 2\pi \int dp\; sin.\, p = 4\pi.$$

On peut encore déduire des formules de l'art. 16 cette équation

$$a^2 X + b^2 Y + c^2 Z = n^2 F(k, \varphi);$$

d'où résulte

$$\frac{A a^2}{f} + \frac{B b^2}{g} + \frac{C c^2}{h} = \frac{3M}{n} F(k, \varphi);$$

équation digne de remarque, parce que la fonction F est la plus simple des fonctions elliptiques.

19. Les formules de l'attraction se simplifient beaucoup lorsque l'ellipsoïde a deux axes égaux, ou lorsqu'il devient un sphéroïde de révolution, ce qui offre deux cas à considérer.

Premier cas. S'il s'agit du sphéroïde aplati, on aura $b = c$, $m = n = \sqrt{(b^2 - a^2)}$, $k = 0$, $\Delta = 1$, et les formules de l'art. 16 donnent

$$X = \int d\varphi \; tang^2 \; \varphi = tang.\, \varphi - \varphi,$$
$$Y = Z = \int d\varphi \; sin^2 \; \varphi = \tfrac{1}{2}(\varphi - sin.\, \varphi \; cos.\, \varphi);$$

donc, en faisant $\varphi = \alpha$, on aura

$$A = \frac{3\,M f}{n^3} (tang.\, \alpha - \alpha),$$
$$B = \frac{3\,M g}{2 n^3} (\alpha - sin.\, \alpha \; cos.\, \alpha),$$
$$C = \frac{3\,M h}{2 n^3} (\alpha - sin.\, \alpha \; cos.\, \alpha),$$

α étant un angle tel que $cos.\ \alpha = \dfrac{a}{b}$, et par suite $sin.\ \alpha = \dfrac{n}{b}$, $tang.\ \alpha = \dfrac{n}{a}$.

Dans ce cas on peut, sans rien diminuer de la généralité de la solution, faire $h = 0$, et par conséquent $C = 0$; car on peut prendre pour plan des x et y le méridien qui passe par le point attiré.

Second cas. S'il s'agit du sphéroïde alongé, on aura $b = a$, $k = 1$, $\Delta = cos.\ \varphi$, ce qui donne

$$X = Y = \int \frac{d\varphi\ sin^2 \varphi}{cos^3 \varphi}, \quad Z = \int \frac{d\varphi\ sin^2 \varphi}{cos.\ \varphi};$$

effectuant les intégrations depuis $\varphi = 0$ jusqu'à $\varphi = \alpha$, on en déduira les valeurs des trois forces A, B, C, comme il suit :

$$A = \frac{3\,M f}{2\,n^3} \left(\frac{sin.\ \alpha}{cos^2 \alpha} - log.\ \frac{1 + sin.\ \alpha}{cos.\ \alpha} \right),$$

$$B = \frac{3\,M g}{2\,n^3} \left(\frac{sin.\ \alpha}{cos^2 \alpha} - log.\ \frac{1 + sin.\ \alpha}{cos.\ \alpha} \right),$$

$$C = \frac{3\,M h}{n^3} \left(log.\ \frac{1 + sin.\ \alpha}{cos.\ \alpha} - sin.\ \alpha \right).$$

Substituant les valeurs connues de $sin.\ \alpha$ et $cos.\ \alpha$, et supposant $g = 0$, ou $B = 0$, ce qui ne diminue en rien la généralité de la solution, on aura

$$A = \frac{3\,M f}{2\,n^3} \left(\frac{c\,n}{a^2} - log.\ \frac{c + n}{a} \right),$$

$$C = \frac{3\,M h}{n^3} \left(log.\ \frac{c + n}{a} - \frac{n}{c} \right),$$

formules dans lesquelles $n = \sqrt{(c^2 - a^2)}$.

Solution du cas où le point attiré est situé hors de l'ellipsoïde.

20. Lorsque le point attiré est situé hors de l'ellipsoïde, ses trois coordonnées f, g, h, prises dans le sens des demi-axes a, b, c, devront satisfaire à la condition

$$\frac{f^2}{a^2} + \frac{g^2}{b^2} + \frac{h^2}{c^2} > 1 ;$$

cela posé, il faut d'abord, suivant la théorie précédente, déterminer la quantité ξ d'après l'équation

$$\frac{f^2}{a^2 + \xi} + \frac{g^2}{b^2 + \xi} + \frac{h^2}{c^2 + \xi} = 1 ;$$

connaissant la valeur réelle et positive de ξ, on aura les demi-axes a', b', c', d'un second ellipsoïde M' par les équations

$$a'^2 = a^2 + \xi, \quad b'^2 = b^2 + \xi, \quad c'^2 = c^2 + \xi ;$$

on déterminera ensuite sur la surface de l'ellipsoïde M', un point S' qui ait pour coordonnées

$$f' = \frac{a}{a'} f, \quad g' = \frac{b}{b'} g, \quad h' = \frac{c}{c'} h.$$

Soient maintenant A', B', C', les trois forces parallèles aux demi-axes a', b', c', qui résultent de l'attraction de l'ellipsoïde M' sur le point S'; ces forces étant trouvées par les formules du premier cas, on en déduira les forces A, B, C, qu'exerce l'ellipsoïde M sur le point extérieur S, lesquelles seront ainsi exprimées :

$$A = \frac{bc}{b'c'} A', \quad B = \frac{ac}{a'c'} B', \quad C = \frac{ab}{a'b'} C' ;$$

5.

or, on a par les formules du n° 12

$$A' = \frac{3\,M'f'}{a'} \int \frac{x^2\,dx}{\sqrt{[a'^2 + (b'^2 - a'^2)x^2]} \cdot \sqrt{[a'^2 + (c'^2 - a'^2)x^2]}},$$

$$B' = \frac{3\,M'g'}{b'} \int \frac{x^2\,dx}{\sqrt{[b'^2 + (a'^2 - b'^2)x^2]} \cdot \sqrt{[b'^2 + (c'^2 - b'^2)x^2]}},$$

$$C' = \frac{3\,M'h'}{c'} \int \frac{x^2\,dx}{\sqrt{[c'^2 + (a'^2 - c'^2)x^2]} \cdot \sqrt{[c'^2 + (b'^2 - c'^2)x^2]}}.$$

Faisant les substitutions et observant qu'on a $\frac{M'}{M} = \frac{a'\,b'\,c'}{a\,b\,c}$, $b'^2 - a'^2 = b^2 - a^2$, $c'^2 - a'^2 = c^2 - a^2$, on trouve pour les forces cherchées A, B, C, ces expressions :

$$A = \frac{3\,Mf}{a'} \int \frac{x^2\,dx}{\sqrt{[a'^2 + (b^2 - a^2)x^2]} \cdot \sqrt{[a'^2 + (c^2 - a^2)x^2]}},$$

$$B = \frac{3\,Mg}{a'} \int \frac{x^2\,dx}{\sqrt{[b'^2 + (a^2 - b^2)x^2]} \cdot \sqrt{[b'^2 + (c^2 - b^2)x^2]}},$$

$$C = \frac{3\,Mh}{c'} \int \frac{x^2\,dx}{\sqrt{[c'^2 + (a^2 - c^2)x^2]} \cdot \sqrt{[c'^2 + (b^2 - c^2)x^2]}},$$

dans lesquelles les intégrales sont toutes prises depuis $x = 0$ jusqu'à $x = 1$.

Ces intégrales pourront être réduites en séries comme dans l'art. 13, et les séries seront d'autant plus convergentes que les quantités a', b', c', qui dépendent de la distance du point attiré, seront plus grandes.

21. Les mêmes intégrales peuvent être aussi exprimées en fonctions elliptiques ; pour cela on supposera, comme ci-dessus, $a < b$ et $b < c$, ce qui donnera pareillement $a' < b'$ et $b' < c'$; puis faisant de même $b^2 - a^2 = m^2$, $c^2 - a^2 = n^2$, $1 - \frac{m^2}{n^2} = k^2$, et déterminant l'amplitude φ' d'après les va-

leurs $tang.\ \varphi' = \dfrac{n}{a'}$, $sin.\ \varphi' = \dfrac{n}{c'}$, $cos.\ \varphi' = \dfrac{a'}{c'}$, on aura d'abord

$$A = \frac{3\,M f}{n^3}\,X', \quad B = \frac{3\,M g}{n^3}\,Y', \quad C = \frac{3\,M h}{n^3}\,Z',$$

ensuite

$$X' = \frac{n^2}{m^2}\left[\Delta'\ tang.\ \varphi' - E(k,\varphi')\right],$$

$$Y' = \frac{n^2}{m^2 k^2}\left[E(k,\varphi') - \frac{k^2 sin.\ \varphi'\ cos.\ \varphi'}{\Delta'}\right] - \frac{1}{k^2}F(k,\varphi'),$$

$$Z' = \frac{1}{k^2}\left[F(k,\varphi') - E(k,\varphi')\right].$$

Il est très-remarquable que les forces A, B, C, sont exprimées absolument de la même manière en fonctions elliptiques, soit que le point attiré S soit situé au-dedans de l'ellipsoïde, ou qu'il soit situé au-dehors. La seule différence est dans la valeur de φ qui mesure l'amplitude des fonctions elliptiques; lorsque le point S est situé au-dedans de l'ellipsoïde ou sur sa surface, on a $tang.\ \varphi = \dfrac{n}{a}$; lorsqu'il est situé au-dehors on a $tang.\ \varphi = \dfrac{n}{a'}$, a' étant une quantité qu'on peut déduire immédiatement de la résolution de l'équation

$$\frac{f^2}{a'^2} + \frac{g^2}{a'^2 + m^2} + \frac{h^2}{a'^2 + n^2} = 1.$$

Le second cas, considéré analytiquement, est même plus simple que le premier, parce que la valeur de φ est plus petite, et qu'ainsi les approximations sont plus faciles à obtenir.

22. Les formules précédentes donnent encore

$$X' + Y' + Z' = \frac{sin^3\ \varphi'}{\Delta'\ cos.\ \varphi'} = \frac{n^3}{a'\,b'\,c'},$$

d'où il suit que les forces A, B, C, satisfont à l'équation algébrique

$$\frac{A}{f} + \frac{B}{g} + \frac{C}{h} = \frac{3M}{a'b'c'} = 4\pi \cdot \frac{abc}{a'b'c'} \, ;$$

elles satisfont aussi à l'équation suivante, qui ne contient que la fonction de première espèce $F(k, \varphi')$,

$$\frac{A a'^2}{f} + \frac{B b'^2}{g} + \frac{C c'^2}{h} = \frac{3M}{n} F(k, \varphi').$$

23. Ces formules se simplifient lorsque l'ellipsoïde devient un sphéroïde de révolution, ce qui offre deux cas à considérer.

Premier cas. Si le sphéroïde est aplati, on aura $b = c$, $b^2 - a^2 = m^2$, $n = m$, $k = 0$, et comme on peut prendre pour plan des x et y le méridien qui passe par le point attiré S, on aura $h = 0$, de sorte que l'équation qui détermine a' sera

$$\frac{f^2}{a'^2} + \frac{g^2}{a'^2 + n^2} = 1,$$

d'où l'on tire

$$a'^2 = \tfrac{1}{2}(f^2 + g^2 - n^2) + \tfrac{1}{2}\sqrt{[(f^2 + g^2 - n^2)^2 + 4f^2 n^2]} \, ;$$

cela posé, ayant déterminé φ' par la valeur $tang. \; \varphi' = \dfrac{n}{a'}$, les deux forces A et B auxquelles se réduit l'attraction du sphéroïde sur le point S, seront ainsi exprimées :

$$A = \frac{3Mf}{n^3} \, (tang. \; \varphi' - \varphi'),$$

$$B = \frac{3Mg}{2n^3} \, (\varphi' - sin. \; \varphi' \, cos. \; \varphi').$$

Second cas. Si le sphéroïde est alongé, on aura $b = a$,

$m = 0$, $c^2 - a^2 = n^2$, $k = 1$; et comme on peut prendre pour plan des x et z celui qui passe par le point attiré S, on pourra faire $g = 0$; de sorte que l'équation qui détermine a' sera

$$\frac{f^2}{a'^2} + \frac{h^2}{a'^2 + n^2} = 1 ;$$

d'où l'on tire

$$a'^2 = \tfrac{1}{2}(f^2 + h^2 - n^2) + \tfrac{1}{2}\sqrt{[(f^2 + h^2 - n^2)^2 + 4 f^2 n^2]};$$

cela posé, ayant déterminé φ' par l'équation $tang.\ \varphi' = \dfrac{n}{a'}$, les deux forces A et C, auxquelles se réduit l'attraction du sphéroïde sur le point S, auront pour valeurs

$$A = \frac{3\,M f}{2\,n^3}\left[\frac{sin.\ \varphi'}{cos^2\,\varphi'} - log.\ \left(\frac{1 + sin.\ \varphi'}{cos.\ \varphi'}\right)\right],$$

$$C = \frac{3\,M h}{n^3}\left[log.\ \left(\frac{1 + sin.\ \varphi'}{cos.\ \varphi'}\right) - sin.\ \varphi'\right].$$

www.ingramcontent.com/pod-product-compliance
Ingram Content Group UK Ltd.
Pitfield, Milton Keynes, MK11 3LW, UK
UKHW022354120726
13694UKWH00005B/1872